AF299212

NOUVELLES
RECHERCHES

SUR

L'EMPLOI DE L'ACIDE HYDRO-CYANIQUE

DANS DIFFÉRENTES MALADIES,

PARTICULIÈREMENT DANS LES MALADIES NERVEUSES;

LUES À L'ACADÉMIE ROYALE DE MÉDECINE,

PAR S. HELLER,

Docteur en médecine de la Faculté de Paris, Professeur d'anatomie et de physiologie, Membre-adjoint de l'Académie royale de médecine, et de plusieurs autres Sociétés savantes.

A PARIS,

CHEZ CREVOT, LIBRAIRE-ÉDITEUR,

RUE DE L'ÉCOLE-DE-MÉDECINE, Nº 3, PRÈS CELLE DE LA HARPE.

1823.

NOUVELLES

RECHERCHES

SUR

L'EMPLOI DE L'ACIDE HYDRO-CYANIQUE

DANS DIFFÉRENTES MALADIES.

L'EXISTENCE de l'acide hydro - cyanique est d'une date récente, son véritable nom peu connu, son histoire chimique incomplète, et son histoire médicale à peine commencée; on ne doit donc pas s'étonner de voir ce produit si peu usité des médecins, et presque entièrement négligé par eux; il mérite cependant, sous plus d'un rapport, de fixer sérieusement leur attention et de prendre, comme j'espère le prouver par ce travail, un rang distingué dans la thérapeutique.

La partie chimique de l'acide hydro-cyanique est la plus avancée de son histoire. Il est vrai que ce fut déjà dès le commencement du dix-huitième siècle que le marchand de couleurs Disbach, de Berlin, découvrit, sans s'en douter, en préparant des couleurs, le produit qui devait par la suite donner naissance à l'acide prussique;

*

acide qui lui-même devait nous être connu plus tard sous le nom d'*hydro-cyanique.* Ce premier produit obtenu, Disbach, qui n'avait pas les connaissances chimiques nécessaires pour tirer parti de sa découverte, pria le pharmacien Dippel de l'examiner, lequel reconnut le bleu de Prusse, appelé ainsi du nom de la patrie de Disbach et de Dippel.

La découverte faite à Berlin resta près d'un quart de siècle perdue pour la science; car Disbach et Dippel gardèrent le secret de leur préparation, qui ne nous serait probablement pas parvenue sans Vodward, qui publia, en 1724, la manière de préparer le bleu de Prusse. Aussitôt beaucoup de chimistes des différentes parties de l'Europe cherchèrent à obtenir ce corps nouveau, et parmi eux on distingue surtout Stahl et Brown, à l'étranger; les deux frères Geoffroy et Labbé Menou, en France, dont les recherches contribuèrent beaucoup à faire connaître ce nouveau produit. Les travaux de ces chimistes restèrent cependant épars jusqu'en 1752, époque à laquelle Macquer publia son *Dictionnaire de Chimie*, dans lequel cet auteur inséra le premier Mémoire bien traité sur le bleu de Prusse.

Mais aucun chimiste n'avait soupçonné jusqu'alors que la couleur bleue de ce corps devait tenir à la combinaison du fer avec un acide particulier : c'est à Bergmann qu'est due cette découverte, et le premier il classa le principe colorant du bleu de Prusse parmi les acides, et l'appela *acide colorant*, ou *acidum cærulei berolinensis.* Après lui notre célèbre Guyton-Morveau examina aussi le bleu de Prusse, duquel il obtint l'acide en question, et lui assigna le nom d'*acide prussique.*

La nature de ce nouvel acide restait cependant toujours inconnue, quand Schéele entreprit, en 1780, de nouvelles recherches sur ce point, recherches qui furent couronnées de succès. On connut alors la composition de l'acide prussique ; mais on la connut toujours imparfaitement.

Ce singulier produit ne pouvait échapper à l'esprit investigateur des chimistes français : aussi vit-on successivement MM. Berthollet, Clouet, Vauquelin et Proust s'en occuper et porter le plus grand jour sur sa composition. Ces savans, si justement célèbres, ne furent cependant pas assez heureux pour l'obtenir pur : cet avantage était réservé à M. Gay-Lussac, qui, dans un Mémoire lu à l'Institut, fit connaître non-seulement la composition intime de l'acide en question, mais encore le procédé à l'aide duquel il parvint à l'obtenir.

Il résulte de ce travail que l'acide prussique a pour radical un composé d'azote et de carbone que M. Gay-Lussac appelle *cyanogène*, lequel a pour principe acidifiant l'hydrogène, deux caractères qui ont porté cet illustre chimiste à substituer à la dénomination peu scientifique d'acide prussique celle plus méthodique d'acide hydro-cyanique, nom qui indique de suite que ce corps est composé d'hydrogène et de cyanogène, et qui, par cela qu'il se trouve parfaitement approprié à la chose, doit désormais être le seul affecté à l'acide prussique. L'histoire chimique de l'acide hydro-cyanique a donc été portée aussi loin que possible, et il m'est bien doux de faire remarquer ici que c'est encore aux chimistes français que nous devons cette conquête sur l'étranger.

Mais il n'en est pas de même pour la partie médicale de l'histoire de ce produit : entièrement négligé
jusqu'en ces derniers temps, l'acide hydro - cyanique
n'est employé en médecine que depuis un petit nombre
d'années, par un plus petit nombre encore de médecins ; il est surtout peu usité encore en France, tandis
que l'on s'en sert plus fréquemment en Allemagne, en
Angleterre, en Italie et aux Etats-Unis d'Amérique.
Mais pourquoi faut-il que dans toutes ces contrées l'esprit de la plupart des praticiens soit trop prémuni
contre ce médicament ? Parce que l'acide hydro-
cyanique, donné aux animaux sans circonspection et
sans méthode, amène une mort prompte et instan-
tanée, faut-il le bannir de la matière médicale ? et
ne doit-on pas réfléchir que par cela même que la funeste qualité de cet acide est connue, son danger n'est
plus qu'imaginaire, surtout pour le médecin instruit et
habitué à fractionner avec prudence les doses du médicament qu'il emploie ? Et quel est donc le remède qui
n'est point funeste lorsqu'il est pris sans discernement ?
Quel est celui qui peut être administré sans étude, sans
précaution et sans art ?

L'histoire de toutes les drogues n'atteste-t-elle donc
pas que les remèdes les plus héroïques sont en même
temps les plus à craindre, et l'acide hydro - cyanique
n'est-il donc pas en droit d'attendre de tous les médecins les mêmes faveurs que l'arséniate de potasse,
l'acétate de morphine, le nitrate d'argent, et tant d'autres poisons journellement employés avec une louable
circonspection ?

Heureusement que quelques médecins, déjà pénétrés.

de ces raisonnemens, n'hésitent plus de prescrire l'acide hydro-cyanique, qui, plus heureux que la plupart des autres médicamens, n'a été appliqué à l'homme que d'après des données certaines sur le mode d'action de cet acide.

C'est ainsi que ses effets promptement délétères chez les animaux et son action particulière sur le système nerveux ont de bonne heure éveillé l'attention des physiologistes; et les expériences ainsi que les recherches faites avec beaucoup de soin sur différens animaux et sur l'homme, par MM. Magendie et autres, en France; Grandville, Scudamore, Tood Thompson, en Angleterre; Bordo, Brera et Manzoni, en Italie; Cerutti et Rooch, en Allemagne, ont prouvé que la sensibilité nerveuse avait trouvé dans l'acide hydro-cyanique son plus puissant sédatif, au point d'abolir entièrement cette sensibilité à l'instant même, et pour toujours, lorsqu'il est donné pur en une dose suffisante, qui quelquefois même est très-faible. Ce résultat, loin d'intimider les praticiens distingués que je viens de citer, les ont, au contraire, portés à se servir de cette propriété de l'acide hydro-cyanique pour en faire l'application à la médecine.

Mais ici il est arrivé ce qui a presque toujours lieu lorsqu'on cherche à enrichir la thérapeutique d'un médicament nouveau : tous les praticiens croyant faire l'application du remède dans les mêmes circonstances, font connaître ce qu'ils ont observé, et l'on est tout étonné, en consultant le recueil de leurs observations, de voir des résultats bien différens. Ces raisons, jointes à ce que j'avais appris moi-même par mes expériences sur le mode d'action de l'acide hydro-cyanique chez les animaux, m'engagèrent à continuer mes recherches et à diriger surtout mes travaux vers la médecine-pratique, but unique où doivent sans cesse tendre les efforts de tous les médecins.

Pour procéder avec ordre, j'ai dû commencer par vérifier les faits avancés par les hommes distingués qui m'ont précédé dans la carrière, et je le fis avec d'autant plus d'impartialité et de bonne foi que je n'avais aucune raison soit pour approuver, soit pour improuver l'usage de l'acide hydro-cyanique, et que je ne cherchais que la vérité.

Les maladies du poumon furent, comme l'on sait, les seules contre lesquelles on dirigea d'abord l'acide hydro-cyanique, et parmi elles la phthisie fut la première. L'empirisme, si pardonnable dans les maladies incurables, paraît avoir seul guidé les médecins dans l'administration de ce remède contre la phthisie pulmonaire; et quoique par le raisonnement je ne sois point arrivé à établir la moindre connexion entre la marche de la dégénérescence pulmonaire et l'action connue de l'acide hydro-cyanique sur les êtres vivans, je me décidai néanmoins à répéter les travaux de M. Magendie et à essayer cet acide sur les phthisiques; mais la vérité, que je viens d'invoquer il n'y a qu'un moment, me force à avancer ici que le succès n'a point favorisé mon attente, et que mes observations se trouvent contradictoires à celles faites par M. Magendie. J'ai administré depuis deux ans l'acide hydro-cyanique à vingt phthisiques atteints de cette maladie, à des périodes plus ou moins avancées; quelques-uns, qui n'étaient qu'au premier degré de cette affection , prirent l'acide pendant dix, douze et seize mois sans que pour cela la marche de la dégénérescence ait pu être entravée, malgré 20 à 3o gouttes d'acide pris dans les vingt - quatre heures ; d'autres , arrivés déjà au deuxième degré tuberculaire, ne purent non plus éviter la fonte des tubercules et la suppuration du poumon', quoique faisant usage du remède avec autant d'exactitude et de constance que les premiers, et même malgré 5o à 6o gouttes de l'acide hydro-cyanique médicinal de M. Magendie(1), pris dans le même espace de temps et dans un véhicule convenable. Enfin je n'ai point craint, chez les malades atteints de phthisie pulmonaire au troisième degré et chez lesquels cette maladie était parfaitement

---

(1) L'acide hydro-cyanique médicinal de M. Magendie est celui que j'ai employé dans le commencement de mes recherches. On sait qu'il est préparé avec une goutte d'acide hydro-cyanique pur de M. Gay-Lussac sur cinq gouttes d'eau ; mais comme je me suis aperçu que dans cette proportion il fallait un certain temps pour calculer la quantité d'acide hydro-cyanique pur pris par le malade , et ayant d'un autre côté vérifié qu'il n'y a aucun inconvénient à augmenter un peu la force de l'acide dit *médicinal*, je fis préparer par M. Robiquet un acide hydro-cyanique dans la proportion de trois gouttes d'eau sur une goutte d'acide pur préparé d'après la méthode de M. Gay-Lussac, et je l'ai naturellement désigné sous le nom d'*acide hydro-cyanique au quart.* C'est cet acide composé avec beaucoup de complaisance par M. Robiquet, et toujours le jour ou la veille de son emploi, qui m'a servi dans toutes mes recherches et dans mes expériences.

caractérisée et l'impossibilité de la guérir trop bien constatée, d'élever les doses de l'acide plus que je ne l'avais
fait jusqu'alors ; c'est ainsi que quelques-uns de mes
malades étaient arrivés à prendre par jour 5o à 6o gouttes
d'acide hydro-cyanique au quart, c'est-à-dire , 12 à 15
gouttes d'acide pur dans les vingt-quatre heures. Aucun
de ces malheureux, quel que fût le degré d'avance-
ment de leur maladie, n'échappa à la mort, et je les
vis périr avec d'autant plus de regret que l'assertion
de M. Magendie, jointe à la confiance que je portais à
l'acide hydro-cyanique, m'avait donné l'espoir, sinon
de guérir, au moins d'arrêter la marche de la phthisie
au premier degré. Je dois cependant à la vérité de dire
que parmi ces phthisiques se trouvaient quatre dames
d'une très-grande irritabilité, chez lesquelles la maladie
du poumon était compliquée de spasme nerveux chez
la première, de douleurs erratiques chez la seconde,
et d'insomnie chez les deux dernières, et que toutes ont
éprouvé le plus grand avantage de l'acide hydro-cyanique, qui leur procurait un repos inattendu, repos que
j'avais en vain sollicité de l'opium. Mais ici, comme
chez les autres phthisiques, l'acide n'empêcha pas la
marche de la dégénération du poumon, et par suite la
mort des malades. Il est seulement de toute évidence
qu'il les aida à supporter les douleurs avec plus de
résignation et de patience : peut-être a-t-il prolongé
par là leur pénible existence. Il résulte donc de ces
faits que l'on ne parvient point à arrêter, au moyen de
l'acide hydro-cyanique, la marche de la phthisie pulmonaire, et que l'espoir que l'on avait conçu pendant
quelque temps de se rendre maître de cette cruelle ma-

lalie , est encore une fois déchue ; enfin , que si quelques praticiens distingués ont obtenu de ce médicament
des résultats opposés à ceux que je viens de rapporter ,
c'est que probablement la dégénérescence pulmonaire
n'était pas déclarée chez leurs malades , et que les symptômes de la phthisie qu'ils ont observés marquaient ,
comme cela arrive très-souvent, une autre affection du
poumon moins funeste et plus facile à guérir.

Mais si l'acide hydro - cyanique ne peut guérir la
phthisie pulmonaire , il est du moins très-convenable
de l'employer dans beaucoup d'autres maladies du poumon , sans que je veuille en inférer pour cela qu'il
puisse seul guérir aucune de ces affections.

Si on administre l'acide hydro-cyanique dans les
pneumonies aiguës , comme je l'ai fait plusieurs fois ,
on parvient à diminuer les douleurs et l'exaltation générale qui accompagnent continuellement cette phlegmasie , et on y arrive mieux qu'avec de l'opium , en ce
qu'il n'y a point à craindre ici de réaction, comme cela
a quelquefois lieu à la suite de l'emploi des narcotiques.
C'est ici aussi le lieu de faire remarquer d'une manière
particulière que l'acide hydro-cyanique est éminem-
ment calmant sans avoir la plus petite vertu narcoti-
que , et que, sous ce rapport, il est très-avantageux de
l'employer dans la pneumonie aiguë , et généralement
dans toutes les phlegmasies de la poitrine ; j'observerai
néanmoins qu'il faut avoir soin de fractionner les doses
avec beaucoup de circonspection dans la première pé-
riode de ces maladies , car l'acide amène quelquefois
un calme trompeur qui n'arrête point la marche de l'inflammation, et qui pourrait en imposer sur l'état réel

*

du malade, au praticien peu exercé et peu habitué à l'employer. Je n'ai pas besoin de rappeler que l'acide hydro-cyanique doit ici, comme dans toutes les autres phlegmasies, être accompagné de saignées locales et générales, évacuations qui font, comme chacun sait, la base du traitement de toutes les phlegmasies aiguës, et ne sauraient être remplacées par aucun médicament pris à l'intérieur.

Si on administre l'acide hydro-cyanique dans la pleurésie aiguë et chronique, dans l'inflammation des bronches, dans le catarrhe pulmonaire, aigu et chronique, on en obtient les mêmes résultats que dans la pneumonie, c'est-à-dire, un calme très-marqué, une grande diminution de la toux; ce qui hâte souvent la guérison, sans que, pour y arriver, on puisse se dispenser d'employer les moyens ordinaires indiqués en pareil cas. Plus de cinquante observations, recueillies avec soin sur des sujets opposés par le sexe, l'âge et la constitution, ne m'ont laissé aucun doute à ce sujet, et me portent à faire maintenant presque constamment usage de la potion suivante, chaque fois que j'ai à traiter une phlegmasie de la poitrine :

℞ Acide hydro-cyanique au quart... dix gouttes ;
 Sirop d'orgeat...................... une once ;
 Eau distillée..................... deux onces ;
 Eau distillée de fleur d'oranger... un gros ;

 Mêlez selon l'art, dans une fiole bouchée à l'émeri, pour prendre par cuillerées à café de quart en quart d'heure.

Ce que j'ai observé relativement à l'asthme est entièrement conforme aux assertions déjà publiées jusqu'à ce jour ; l'usage de l'acide hydro-cyanique est d'autant plus indiqué dans cette maladie, que le raisonnement vient ici appuyer les faits. L'asthme est considéré, par un grand nombre de médecins distingués, comme une maladie du système nerveux ; l'acide hydro-cyanique, le plus puissant sédatif de ce système, semble venir corroborer encore cette opinion, qui n'est cependant pas généralement admise. Mais ce qui est évident, c'est que chaque fois que l'on administre cet acide contre l'asthme, on parvient, dans la plupart des cas, à rétablir le trouble de la circulation et à rendre presque toujours l'accès plus court. Il convient même, lorsqu'on arrive pendant l'accès, d'employer le médicament avec assez de hardiesse. Je n'hésite jamais, quand je suis appelé en pareille occurrence, à donner, pour commencer, 12 à 15 gouttes d'acide au quart, dans la potion dont je viens de donner la formule, laquelle est ordinairement prise par cuillerées à café de quart en quart d'heure de distance, et même quelquefois de demi en demi quart d'heure, selon la disposition du malade. De cette manière le remède ne fait pas long-temps attendre son effet ; et au bout de vingt à trente minutes, l'accès commence déjà à s'affaiblir, la respiration devient moins gênée, moins difficile, plus longue, puis elle finit par se régulariser insensiblement, et peu à peu le calme est rétabli ; ce qui ne doit pas empêcher la continuation de l'usage du remède pendant quelques jours, mais à des distances plus éloignées, sous peine de voir bientôt le retour d'un nouvel accès. Il sera bien aussi de conseiller à l'asthmatique qui prévoit l'approche de son accès, de ne pas attendre qu'il soit déclaré pour faire usage de l'acide hydro - cyanique, mais d'en prendre le plus tôt possible à des distances assez rapprochées. De cette manière, si on n'évite pas entièrement le retour de l'accès, on réussit au moins à le rendre plus court et moins pénible. Je dis , *si l'on n'évite pas entièrement;* car j'avoue que si je suis parvenu à soulager l'asthmatique par l'emploi de l'acide hydro-cyanique , je n'ai pas été assez heureux pour guérir radicalement cette maladie par ce moyen ; je ne suis cependant pas éloigné de croire que son usage, long-temps continué et dirigé avec discernement, ne soit très-favorable aux asthmatiques. Je livre cette opinion aux médecins qui dirigent les hôpitaux, et qui sont mieux placés que moi pour faire des essais en ce genre.

Il n'est pas de praticien qui n'ait été à même de remarquer que la coqueluche est une des maladies qui fatiguent le plus les enfans , et dont le traitement n'est établi sur aucune base fixe; ce qui tient à ce que le siége réel de cette affection est , de même que l'asthme , encore ignoré ; l'observation a cependant démontré que les narcotiques , les stupéfians , et en général les moyens sédatifs réussissent assez souvent dans le traitement de la coqueluche, ce qui laisse à penser que le principal siége de cette maladie réside dans le système nerveux. Guidé par ces notions, et plutôt dans l'espoir de vérifier des faits que d'obtenir des succès, j'ai administré l'acide hydro-cyanique dans la coqueluche, d'après les mêmes données que dans l'asthme , et je n'ai eu qu'à me louer de mes tentatives. Cet acide réussit, en effet, presque toujours à éloigner chez les enfans atteints de la coqueluche ces longues et effrayantes quintes de toux qui sont si difficiles à déraciner, et il finit même presque toujours à calmer entièrement les petits malades. Neuf enfans de quatre à huit ans, affectés de la coqueluche, ont été successivement soumis à l'usage de l'acide hydro-cyanique ; parmi eux se trouvaient quatre petites filles beaucoup plus irritables que les petits garçons : de ces neuf enfans, deux seulement, dont l'un était un garçon âgé de quatre ans et demi, très-gros et très-pléthorique, et l'autre une petite fille âgée de six ans, aussi très-grosse et lymphatique, ne parurent pas obtenir le moindre avantage du traitement. Il est vrai que les médications antérieures avaient aussi échoué et que la maladie se prolongea au-delà de trois mois ; mais je puis assurer que chez les sept autres petits enfans, dont trois n'avaient subi aucun traitement antérieur, l'emploi de l'acide hydro-cyanique fut suivi du plus grand avantage. Comme j'avais affaire ici à des sujets plus faibles et plus petits qu'à l'ordinaire, je prescrivis d'abord l'acide à la dose de 4 gouttes seulement prises dans les vingt-quatre heures et dans la même quantité de véhicule que chez les adultes ; j'élevai ensuite ce médicament jusqu'à 10 gouttes chez les uns, 12 chez les autres, et même jusqu'à 15 chez quelques - uns. J'eus bientôt la satisfaction de voir la toux diminuer d'intensité, les quintes être moins rapprochées et s'affaiblir graduellement, pour cesser enfin entièrement au bout de vingt à trente jours de traitement, selon que la maladie était plus ou moins intense et selon que l'individu était plus ou moins irritable : ces derniers étaient toujours plus long-temps à attendre les effets du traitement. Il faut aussi observer qu'il est plus difficile d'administrer l'acide hydro-cyanique chez les enfans que chez les adultes, vu la grande amertume de ce produit.

J'ai donc obtenu dans la coqueluche plus que dans toutes les autres maladies de la poitrine desquelles j'ai parlé jusqu'à présent, c'est-à-dire, une guérison pour ainsi dire complète. J'ai tout lieu d'espérer que les observations de ceux qui adopteront ce traitement contre la coqueluche coïncideront avec les miennes.

L'hémoptysie accompagne presque toutes les maladies un peu intenses des organes renfermés dans la cavité thoracique ; il ne m'a donc pas été difficile de faire l'application de l'acide hydro-cyanique à cette affection, ou plutôt à ce symptôme de maladie. Presque toujours je suis parvenu à modérer beaucoup et à arrêter quelquefois entièrement le crachement de sang, toutes les fois cependant qu'il était modéré et qu'il ne constituait point une hémorrhagie, car alors on pense bien qu'il ne conviendrait point de se borner à ce moyen, et qu'il faut toujours le faire précéder par les évacuations sanguines, soit locales, soit générales. Mais il n'est pas moins bien constaté que l'acide hydro-cyanique, accompagné ou non d'un traitement ultérieur, parvient à diminuer promptement l'hémoptysie. Plusieurs observations recueillies avec soin m'ont toujours donné le même résultat. Il me serait, il est vrai, impossible de donner une explication satisfaisante sur la manière d'agir du médicament dans ce cas, quoique je ne sois pas éloigné d'admettre que le ralentissement général de la circulation, produit d'une manière bien

évidente, par l'action de l'acide hydro-cyanique sur
le système circulatoire, comme cela est constaté par
mes expériences sur les animaux vivans, doit amener
dans le poumon une affluence moindre de sang, d'où
peut résulter la cessation de l'hémoptysie. Mais ce qui
est plus péremptoire que ces explications, ce sont les
observations que j'ai recueillies ainsi que celles faites
par plusieurs médecins distingués de la capitale, qui
ont bien voulu m'en faire part, et qui confirment ce
que j'avance à ce sujet. Parmi ces médecins, je dois
particulièrement citer M. le docteur Edwards.

J'ai terminé mes recherches sur l'emploi de l'acide
hydro-cyanique dans les affections du poumon par
l'administrer, pendant un mois consécutif et sans le
moindre succès, à un vieillard âgé de soixante-seize ans,
lequel était atteint, depuis plusieurs mois, d'une phthisie
laryngée constatée par le trouble de la voix, la toux sif-
flante, l'expectoration purulente, l'haleine très-fétide,
les douleurs continuelles dans le larynx, l'amaigrisse-
ment, et plus que tous ces symptômes par la nécropsie
faite le lendemain de la mort du malade, laquelle a
laissé voir la phthisie dans toute son évidence. J'ai
même élevé chez ce malade, qui était faible, d'une grande
susceptibilité et très-irritable, la dose de l'acide hydro-cyanique jusqu'à 40 gouttes par jour sans remarquer la moindre amélioration ni même le plus petit effet, soit avantageux, soit désavantageux; et j'ai fini par
l'abandonner, autant parce que le malade refusait de
le prendre, vu son amertume, qui croissait avec la
quantité, que par le peu de succès que j'obtenais. Il
convient de remarquer à ce sujet que l'acide hy-

dro-cyanique agit généralement moins sur les vieillards
que dans les autres âges de la vie ; ce qui ne doit cependant point porter le praticien à insister trop sur son
emploi ; il convient, au contraire, de se tenir sur une
plus grande réserve en l'administrant chez les vieillards.
Ce fait s'explique d'ailleurs très-facilement : on sait que
plus les sujets avancent en âge, plus la sensibilité s'ob-
scurcit, et que le médecin, loin d'être appelé à la ré-
primer, est presque toujours obligé de l'exalter : aussi
doit-on, dans le petit nombre de cas où il convient
d'administrer l'acide hydro-cyanique chez les vieillards,
agir toujours avec plus de circonspection que chez les enfans et les adultes, et au lieu de donner cet acide à 10
gouttes pour la première fois, comme chez ces derniers, ne jamais commencer que par 4 gouttes, et
n'aller pas au-delà de 3o à 4o gouttes : encore cette
dernière dose ne doit-elle être permise qu'après s'être
bien assuré par des gradations multipliées de la force
des vieillards.

Frappé de la promptitude avec laquelle l'acide hydro-cyanique abolit les contractions du cœur chez les
animaux sur lesquels je fis des expériences, je me
décidai à l'employer contre les mouvemens trop tumultueux du centre de la circulation ; emploi qui a
eu de très-heureux effets. Je possède six exemples
d'individus affectés d'anévrysme du cœur chez lesquels
je suis arrivé à diminuer, au moyen de l'acide, la force
et l'intensité des battemens du cœur, en affaiblissant
les contractions et en ralentissant l'afflux du sang vers cet
organe. Pris d'abord à 1o gouttes dans les vingt-quatre
heures, ce médicament a été pris ensuite sans inconvé-

tient par les anévrysmatiques au-delà de 60 gouttes, toujours dans les vingt-quatre heures , et j'ai vu avec beaucoup de satisfaction en résulter un amendement bien
marqué, amendement que j'avais en vain sollicité des
médications antérieures. Chez trois de ces malades,
l'anévrysme existait déjà depuis plusieurs années et
avait atteint une force et une intensité telles que la vie
était sans cesse menacée : l'acide hydro-cyanique ne fit
que retarder peu la funeste terminaison de la maladie,
mais il eut l'inappréciable avantage de ralentir beaucoup
l'afflux du sang vers le cœur, de diminuer par là la force
des contractions, et par suite la difficulté de la respiration. Il est vrai que, pour arriver à ce résultat, il a
fallu administrer l'acide à des doses assez fortes, comme
40 à 60 gouttes par jour; ce qui fait 10 à 15 gouttes
pur; mais n'ayant observé aucun symptôme fâcheux
et ne devant craindre que la faiblesse du malade, je
persistai dans le traitement, étant toujours à même de
relever la force si le cas l'exigeait. Je n'eus donc qu'à
me louer de mon traitement, et malgré l'impuissance
dans laquelle je me suis trouvé d'éviter la mort de ces
malades, je crois cependant pouvoir assurer avoir prolongé leur existence, et, ce qui est plus avantageux encore, les avoir beaucoup soulagés. Observons d'ailleurs
que ces anévrysmatiques avaient été traités antérieure-
ment par les praticiens les plus distingués de la capitale au moyen des saignées locales et générales , du ré-
gime austère, de la digitale, des réfrigérans, des vési-
cans et de tous les autres procédés usités en pareil cas,
appliqués avec méthode et discernement , et cependant
sans succès et sans amélioration.

Mais plus heureux encore chez les trois autres anévrysmatiques auxquels j'ai administré l'acide hydro-
cyanique que sur ceux desquels je viens de parler, j'ai
la satisfaction de les voir de temps en temps et de modérer continuellement les contractions de leur cœur
par l'administration de ce remède. Parmi ces malades
il en est un qui cultive les sciences, et qui a d'abord ma-
nifesté la plus grande répugnance à prendre l'acide en
question, connaissant son action délétère lorsqu'il est
pris sans méthode et sans soin : il règle néanmoins lui-
même maintenant, sur la force des contractions de son
cœur, le nombre des gouttes d'acide qu'il doit prendre
dans les vingt-quatre heures ; c'est ainsi que son pouls,
qui offre cent seize pulsations dans une minute quand
il reste quelques jours sans prendre de l'acide hydro-
cyanique, ne bat plus que quatre-vingt-dix-huit fois dans
le même espace de temps lorsqu'il fait usage de ce
médicament pendant quarante-huit heures, et qu'il
descend jusqu'à quatre-vingts pulsations lorsque l'a-
cide est pris consécutivement pendant quelques jours.
Il est vrai qu'une faiblesse générale force quelquefois
ce malade à suspendre l'usage de l'acide ; mais cette
faiblesse n'a rien d'alarmant et se dissipe bientôt. Enfin
j'ai remarqué sur tous les anévrysmatiques que j'ai
traités avec l'acide hydro-cyanique que la fréquence
des battemens du cœur est en raison indirecte de l'u-
sage de ce remède, et la lenteur des contractions en
raison directe de son emploi ; de manière que le malade qui reste quelque temps sans prendre l'acide et
chez lequel le pouls battait précipitamment, a l'avantage de sentir le ralentissement de ces mouvemens à

fur et à mesure qu'il prend de l'acide hydro-cyanique.
Il est important aussi de remarquer ici que les effets
du remède ne sont nullement sensibles dans le commencement du traitement, et que ce n'est que lorsqu'on est arrivé à faire prendre au malade trente à
quarante gouttes d'acide au quart par jour que l'on
commence à constater le ralentissement de la circulation ; ce qui n'empêche pas de suivre la marche la plus
sûre, c'est-à-dire, de ne jamais commencer l'administration du remède à plus haute dose que dix gouttes
dans les vingt-quatre heures, et de l'élever ensuite de
cinq en cinq gouttes seulement.

Il résulte de ce qui précède que l'acide hydro-cyanique ralentit les contractions du cœur, diminue l'afflux
du sang vers cet organe, que par là il allège les souf-
frances des malheureux anévrysmatiques et calme leurs
douleurs ; avantage précieux qui, d'un côté, leur pro-
cure une prolongation de la vie, et de l'autre une existence moins pénible. Il serait cependant peu méthodique de traiter les anévrysmes par ce seul procédé,
et il est inutile de dire que l'acide hydro-cyanique
n'exclut point les saignées locales et générales, surtout
lorsque les anévrysmes sont accompagnés de douleurs
fixes aux côtés de la poitrine ou de crachemens de sang ;
symptômes qui décèlent la complication d'une inflammation du parenchyme pulmonaire, que l'acide seul
ne pourrait vaincre.

Si l'action de l'acide hydro-cyanique sur la circulation est de ralentir ses mouvemens, comme on peut
s'en convaincre par son administration chez les anévrysmatiques, il a une bien plus forte action encore

sur la sensibilité, et tout porte à croire que cette importante fonction a trouvé dans cet acide sont plus puissant sédatif. Toutes les expériences faites jusqu'à ce jour sur les animaux vivans avec ce produit s'accordent à reconnaître qu'il abolit promptement la sensibilité, et avec elle la vie, lorsqu'il est administré à des doses suffisantes, qui même n'ont pas besoin d'être élevées quand il est pur et préparé d'après la méthode de M. Gay-Lussac. Quelques gouttes de cet acide suffisent, comme l'on sait, pour priver de la vie dans l'espace de quelques minutes un chien d'une taille moyenne; mais il n'est pas démontré que l'acide hydro-cyanique soit aussi promptement délétère et funeste à petites doses chez l'homme que chez les animaux, en ce que la sensibilité est bien plus énergique, plus forte et plus puissante, et par cela plus difficile à abolir chez l'homme que chez les animaux. Cette opinion, fortifiée d'ailleurs par l'administration de l'acide hydro-cyanique pendant deux années consécutives chez des individus d'âge, de sexe et de tempérament différens, doit encore rassurer les médecins sur l'emploi de ce remède dans les maladies, et surtout dans les maladies dépendant de l'exaltation nerveuse, exaltation qui diminue d'autant la force de l'acide, qui est, comme je l'ai déjà dit, en raison directe de l'insensibilité des individus et en raison inverse de leur exaltation. Cependant la rapidité avec laquelle cet acide pur produit la mort chez les animaux doit suffire pour proscrire à jamais de la thérapeutique l'acide hydro-cyanique pur préparé d'après le procédé de M. Gay-Lussac. Mais il n'en est point de même de l'acide hydro-cyanique au quart : il peut, sous cette forme, être employé avec toute sécurité par les médecins instruits ; et dans la plupart des cas, on peut même commencer à le prescrire à la dose de dix gouttes sur trois à quatre onces de véhicule pris dans les vingt-quatre heures ; et si on élève ensuite la dose de cinq en cinq gouttes par jour, on peut arriver à faire prendre au malade jusqu'à soixante gouttes dans les vingt-quatre heures, et même jusqu'à soixante-dix gouttes chez quelques-uns, et plus peut-être, sans observer aucun symptôme fâcheux, et jamais aucun indice d'empoisonnement. Un épileptique, qui jouit maintenant, hors les momens de ses accès, d'une santé parfaite, a pris, pendant plus de six mois, soixante-dix gouttes de cet acide par jour sans en éprouver le plus petit accident, et ce n'est qu'à l'époque où l'extrême amertume de la potion dans laquelle entrait l'acide hydro-cyanique affectait trop le goût, qu'il renonça à en prendre, découragé, d'ailleurs, par le peu de succès qu'il en obtenait. Le malade s'est confié depuis aux lumières de M. le docteur Alibert.

Il arrive cependant quelquefois que certains malades éprouvent, par l'administration de l'acide hydro-cyanique à des doses même très-faibles, comme dix à quinze gouttes prises dans les vingt-quatre heures, une faiblesse générale qui les empêche de vaquer librement à leurs occupations. Cette faiblesse, qui pourrait intimider le praticien peu habitué à employer ce médicament, n'a cependant rien d'alar-mant : elle indique seulement qu'il faut suspendre pendant quelque temps l'usage de l'acide hydro-

cyanique et n'y revenir qu'à l'époque où les forces
se trouvent rétablies, époque qui n'est ordinairement pas éloignée; car, au bout de trois à quatre
jours, surtout si l'on a eu soin de faire prendre
au malade beaucoup d'exercice et quelques bains
froids, s'il y a possibilité, il se retrouve aussi fort
qu'avant l'administration de l'acide. Quelques malades aussi se plaignent d'un resserrement à la poitrine, d'une espèce de gêne momentanée immédiate-
ment à la suite de l'ingestion du médicament. Cette
gêne de la respiration n'est pour l'ordinaire que d'une
très-courte durée, et paraît provenir de l'absorption
rapide d'une très-petite partie du médicament lors de
son passage devant les voies aériennes : aussi est-elle
dissipée aussitôt que produite. Il pourrait cependant
arriver que cet embarras dans la respiration persistât
pendant quelques temps : il faudrait alors suspendre
l'usage de l'acide et ne le reprendre qu'à très-faibles
doses, comme de quatre à cinq gouttes d'abord, pour
l'élever ensuite à la dose ordinaire, et au-delà, s'il le
faut. Enfin, si par l'emploi de l'acide hydro-cyanique
les malades paraissent s'affaiblir beaucoup, il est inutile de dire qu'il faut entièrement cesser son usage.
Mais il est important de noter ici qu'il ne convient
point de leur faire prendre avec abondance de la décoc-
tion de café, de la térébenthine et d'autres excitans
très-énergiques pour réveiller la sensibilité, qui n'est
jamais tellement anéantie pour qu'il soit nécessaire
d'avoir recours à ces médicamens, qui sont souvent
nuisibles, comme je m'en suis convaincu plusieurs
fois. L'exercice au grand air, les frictions avec de la

glace, de la limonade coupée avec partie égale de vin
de Bordeaux et quelques potions toniques suffiront
pour rétablir entièrement l'équilibre (1).

L'acide prussique pris au quart avec prudence et
discernement ne produit point d'accidens. Il est vrai
que son action est bien différente de celle de l'acide
hydro-cyanique pur, et cette différence n'est même
pas en rapport avec elle-même.

L'expérience suivante en est la preuve. Je pris cinq
gouttes d'acide hydro-cyanique pur préparé d'après la
méthode de M. Gay-Lussac; j'y ajoutai quinze gouttes
d'eau distillée, et je fis prendre le tout à un chien

---

(1) Je lis, dans le *Journal de Médecine-pratique* de
M. Hufeland, deux observations dans lesquelles l'emploi
de l'acide hydro-cyanique a été promptement funeste aux
malades. Dans le premier cas, on prescrivit à un phthisique huit gouttes d'acide hydro-cyanique dans huit onces
d'eau et deux onces de sirop du mélange que le malade devait
prendre une cuillerée à soupe toutes les deux heures. A
peine la seconde cuillerée était-elle avalée que tous les symptômes de la paralysie du poumon se manifestèrent, et le
malade mourut au bout de six heures. Il est facile de se
convaincre ici que l'acide n'a point été administré selon les
règles de l'art. D'abord il est probable qu'il était pur,
forme sous laquelle il ne convient de l'employer dans
aucun cas; en second lieu, huit gouttes de cet acide sur
huit onces d'eau représentent le double de la dose à
laquelle on est dans l'usage de le prescrire en France;
enfin, il n'est point dit que le malade a eu la précaution
de bien agiter la potion avant d'en prendre, soin qui est
de la plus haute importance, vu que l'acide hydro-cya-

d'une taille moyenne. Quelques momens après la respiration de ce chien s'accéléra ; quelques convulsions
survinrent, auxquelles succédèrent peu après un abattement, un grand calme, et une paralysie du train
de derrière. Deux heures après , tous ces symptômes
n'existaient plus , et le chien se releva jouissant de
toutes ses facultés comme avant l'expérience. Je lui
donnai alors cinq gouttes d'acide hydro-cyanique pur ,
et quelques instans après il était privé de la vie.

Je pris ensuite un second chien qui n'était point
ébranlé par une première épreuve, et je lui fis prendre
cinq gouttes d'acide hydro-cyanique pur. A peine cet

---

nique surnage toujours les autres liquides, et c'est sans
doute cette propriété qui a causé la perte du malade sujet
de cette observation.

Dans le second cas, l'acide a été administré beaucoup
plus imprudemment encore ; ici c'est un nègre phthisique
qui prit pendant trois jours deux drachmes d'acide dans
huit onces d'eau seulement, trois cuillerées à soupe par
jour. L'usage de ce mélange l'affaiblit tellement de jour
en jour, qu'il mourut au troisième. Citer cette observation est, je crois, suffisamment prouver son peu de valeur,
puisque l'acide a été porté ici à une dose effrayante pour
la première fois, et que l'on ne conçoit point comment
celui qui l'administrait n'a point suspendu le remède en
voyant son malade s'affaiblir tellement qu'il s'est pour ainsi
dire éteint le troisième jour. Ces accidens ne seraient cer-
tainement point arrivés si l'on eût employé l'acide à très-
petites doses d'abord, coupé avec trois fois son volume
d'eau , et après avoir agité le mélange avant de le faire
prendre.

acide était-il en contact avec la membrane muqueuse de la bouche, que j'y versai encore, avec la plus grande promptitude, environ vingt gouttes d'eau distillée : cela n'empêcha pas le chien de mourir au bout de quelque temps.

On doit donc conclure, de ces expériences, qu'on ne peut établir un calcul rigoureux entre l'action d'une dose donnée de l'acide hydro-cyanique pur et l'action de la même dose étendue de trois fois autant d'eau distillée, et il paraît que par le seul fait du mélange de cet acide avec l'eau, il perd bien plus de sa force qu'on ne peut l'établir par le calcul. Cette circonstance est extrêmement avantageuse pour son emploi en médecine.

Mais si l'acide hydro-cyanique au quart est loin d'avoir la force et les funestes résultats de l'acide pur, il ne conserve pas moins une action bien évidente et bien constante sur l'appareil nerveux, cette action étant essentiellement sédative, comme l'ont prouvé les expériences de différens physiologistes et médecins distingués. Il était naturel de penser à se servir de cette propriété dans les cas où les sédatifs nerveux sont indiqués, c'est-à-dire dans l'exaltation de la sensibilité ; et c'est ce que j'ai fait dans les différentes maladies nerveuses desquelles je vais parler.

L'épilepsie, cet écueil contre lequel sont venues échouer jusqu'à ce jour toutes les méthodes, tous les raisonnemens et tous les traitemens, est la première des affections nerveuses contre laquelle j'ai dirigé l'acide hydro-cyanique ; il est inutile de dire que l'épilepsie dont il s'agit ici n'est point de celles causées par une lésion extérieure, soit du crâne, soit du cerveau, soit de ses annexes.

Cinq épileptiques, dont trois hommes de vingt à trente ans, et deux demoiselles de dix-neuf à vingt-cinq ans, ont successivement été soumis à l'usage de l'acide hydro-cyanique. Le premier de ces malades était affecté d'une épilepsie contractée dès l'âge de huit ans ; sa sœur, aussi épileptique, avait succombé, il y a peu d'années, quelques jours après un accouchement, à la suite d'accès épileptiques réitérés. Cette maladie s'étant déclarée chez cette dame, comme chez le sujet de cette observation, à la suite de la rétropulsion de la teigne, imprudemment provoquée par un charlatan au moyen d'une pommade inconnue, on peut la considérer comme provenant de cette circonstance ; et ce qui vient encore fortifier cette opinion, c'est que plusieurs frères et sœurs de ce jeune homme, qui n'avaient point contracté la teigne, et qui, par conséquent, n'avaient pas employé de traitement rétropulsif, n'ont jamais éprouvé ni épilepsie ni aucune autre maladie nerveuse.

Déjà ce jeune homme avait subi sans succès une infinité de traitemens, ce qui ne l'empêcha pas d'avoir un accès d'épilepsie tous les huit jours à-peu-près ; une circonstance remarquable aussi chez lui, c'est qu'il restait toujours assoupi pendant douze heures à la suite de son accès, et conservait ensuite pendant deux à trois jours une lassitude générale ; symptômes qui se dissipèrent entièrement à la suite de l'emploi de l'acide hydro-cyanique, dont la dose fut élevée chez lui jusqu'à soixante gouttes dans les vingt-quatre heures,

Au bout d'un mois de l'usage continu de ce traitement, pendant lequel le malade prit onze cent quarante gouttes d'acide au quart, ce qui équivaut à deux cent quatre-vingt-cinq gouttes d'acide hydro-cyanique pur, les accès s'éloignèrent et ne reparurent plus que tous les vingt-cinq à trente jours, et cela avec beaucoup moins de violence qu'auparavant.

Le traitement fut encore continué pendant quatre mois avec le même avantage ; mais malgré qu'il se soit opéré un changement remarquable dans la situation de ce malade, il n'a point eu la satisfaction de voir compléter sa guérison. Je serais probablement parvenu à élever chez lui la dose de l'acide à quatre-vingts gouttes en vingt-quatre heures s'il eût pu vaincre sa répugnance pour l'extrême amertume du médicament, amertume dont il se plaignit dès le commencement du traitement, et qui fut la principale cause qui le lui fit abandonner.

Le second épileptique soumis à l'usage de l'acide hydro-cyanique est un jeune homme âgé de dix-neuf ans, d'une constitution très-délicate et autant affaibli par les accès d'épilepsie, qui revenait régulièrement tous les cinq à six jours depuis plus de trois ans, que par la pernicieuse habitude de la masturbation, que le malade avait contractée depuis plus de six ans, et à laquelle il se livrait avec une passion irrésistible qui paraît même avoir été la principale cause de sa triste affection. Les accès arrivent toujours chez ce malade pendant la nuit, durent à-peu-près un quart d'heure, pendant lequel il ne manque point de tomber hors de son lit si on ne le veille, et finissent ensuite par laisser le corps et l'esprit dans un abattement général qui ne se dissipe qu'au bout de vingt-quatre à trente-six heures.

L'acide hydro-cyanique, employé d'abord à cinq gouttes dans les vingt-quatre heures, fut élevé de cinq en cinq gouttes jusqu'à cinquante dans l'espace des dix premiers jours, et continué ainsi, tantôt en augmentant de cinq gouttes, et tantôt en diminuant de dix, pendant trois mois consécutifs. Comme dans le cas précédent, l'acide parvint à éloigner les accès, au point que ce jeune homme, nonobstant la passion solitaire qui le mine sans cesse, et qu'aucun moyen n'est parvenu jusqu'à présent à vaincre, n'a néanmoins qu'un accès tous les vingt à trente jours.

Il est très-présumable que s'il persistait dans l'usage de l'acide hydro-cyanique, et que s'il faisait usage des plaisirs de l'amour, et enfin, que s'il abandonnait l'onanisme, ses accès s'éloigneraient encore beaucoup plus qu'ils ne l'ont fait jusqu'à présent.

Le troisième sujet traité au moyen de l'acide hydro-cyanique était affecté d'une épilepsie très-récente qu'il avait contractée à la suite d'un bain pris dans la Seine, dans laquelle il faillit périr. La terreur qu'il en ressentit fit que le soir même il eut un accès d'épilepsie qui revint le lendemain et qui reparaissait ensuite à la moindre impression fâcheuse, et particulièrement lorsqu'on rappelait au malade son accident, ou lors même qu'on ne faisait que l'entretenir de bain ou de natation.

Après avoir, chez ce malade, qui était âgé de vingt-deux ans, doué d'un tempérament sanguin et d'une irritabilité nerveuse bien plus grande qu'on est dans l'habitude de l'observer à cet âge, inutilement employé les anti-phlogistiques, les dérivatifs et les remèdes dits anti-spasmodiques, je prescrivis l'acide hydro-cyanique, qui fut d'abord pris à dix gouttes, puis à quinze, et ainsi successivement de cinq en cinq gouttes jusqu'à soixante dans les vingt-quatre heures, comme dans les cas précédens ; les accès se calmèrent beaucoup, mirent plus d'espace entre eux, au point de ne reparaître que tous les vingt à trente jours ; mais cependant l'acide ne parvint point à les éloigner entièrement. Enfin, les deux autres épileptiques traités avec l'acide hydro-cyanique ne parurent obtenir aucun avantage de ce remède, et les accès même ne furent point retardés ; il est vrai que ces deux malades étaient des femmes du bas peuple adonnées à toutes sortes d'excès, conservant leur maladie depuis très-long-temps et ne mettant ni régularité, ni soin ni importance dans la prise de leur médicament.

Il résulte donc de ces essais faits avec l'acide hydro-cyanique sur les épileptiques, que cet acide ne parvient point à dissiper cette effroyable maladie, mais que s'il faut encore ici renoncer au doux espoir de la guérir, du moins peut-on avoir la consolation de penser que l'acide hydro-cyanique peut parvenir à éloigner ses accès, les rendre dans quelques circonstances plus faibles et moins pénibles, et éviter à certains malades les symptômes nerveux qui persistent encore vingt-quatre à trente-six heures après leur invasion ; ce qui, pour une affection aussi cruelle que celle qui nous occupe, équivaut en quelque sorte à une

guérison , enfin qu'il a surtout le précieux avantage
de rendre les malades plus supportables à eux-mêmes
et moins à charge pour ceux qui les environnent.

Le demi-succès obtenu par l'acide hydro-cyanique
dans la maladie nerveuse qui afflige le plus l'espèce
humaine a dû nécessairement m'encourager à le porter
contre les autres maladies de l'appareil nerveux : je
ne tardai point à trouver l'occasion de l'administrer
dans l'hypochondrie ; mais , moins heureux encore
que l'épileptique , l'hypochondriaque n'obtient aucun
avantage de l'usage de cet acide. J'ai vainement administré ce médicament à quatre individus déjà âgés
de cinquante à soixante ans et atteints d'hypochondrie
depuis plusieurs années sans en tirer le plus faible
amendement à leur maladie. L'acide a cependant été
administré à des doses très-élevées ; un seul de ces malades a offert une particularité tout-à-fait singulière ,
que n'avaient encore présentée aucun de ceux auxquels
j'ai administré l'acide hydro-cyanique, c'est que cet acide
lui occasiona des évacuations alvines assez abondantes ;
ce qui fut pour lui le plus grand des bienfaits , vu l'état
habituel de constipation dans lequel il se trouvait ;
mais ces évacuations salutaires ne rendirent cependant
pas sa position beaucoup plus heureuse , et l'hypochondrie ne persista pas moins dans toute son étendue.

Tout porte à croire aussi que l'acide hydro-cyanique doit avoir un avantage marqué chez les hydrophobes. Il m'a été impossible de l'administrer jusqu'à
présent à des hydrophobes de l'espèce humaine ; mais
je l'ai administré à des chiens et à des chevaux enra-

gés, et tout me laisse à penser que cet acide parvient à calmer les accès. Je ne puis cependant rien préciser encore à ce sujet ; mais j'espère pouvoir le faire plus tard, étant occupé maintenant à des expériences sur ce point, expériences qui feront, s'il y a lieu, le sujet d'un travail particulier.

L'hystérie, sans être une maladie aussi affligeante que l'hydrophobie et l'épilepsie, a cependant des résultats aussi fàcheux que cette dernière affection, et peut-être plus fàcheux encore en ce qu'elle est plus fréquente et presqu'aussi difficile à guérir. Ceci est surtout vrai pour cette hystérie qui simule l'épilepsie et qui semble se confondre avec elle. Mais l'hystérie ayant quelquefois trouvé des remèdes heureux et des traitemens méthodiques dans les substances qui diminuent l'exaltation nerveuse, il était naturel et raisonnable de tenter des essais avec l'acide hydro-cyanique contre cette maladie. Je n'ai pu donner cet acide qu'à deux personnes affectées d'hystérie épileptiforme ; toutes deux étaient demoiselles., l'une àgée de vingt-quatre ans et l'autre de vingt-huit ans ; toutes deux aussi paraissaient puiser leur maladie de l'exaltation de leur esprit et de l'abstinence forcée des plaisirs de l'amour dans laquelle elles vivaient. Toutes deux offraient dans leurs accès tous les symptômes de l'hystérie épileptiforme, tels qu'ils sont décrits avec beaucoup de talent et de précision par le savant et honorable docteur Louyer-Villermay dans son excellent travail sur l'hypochondrie et l'hystérie. Enfin, toutes deux avaient déjà subi plusieurs traitemens infructueux.

Ces considérations me portèrent à prescrire ici l'acile sans traitement préparatoire ni auxiliaire ; seulement, vu l'état de langueur dans laquelle ces deux malades végétaient , j'eus soin de porter moins de hardiesse dans les doses du médicament, qui n'ont jamais été élevées , chez ces deux demoiselles, au-delà de quarante-cinq gouttes dans les vingt-quatre heures ; ce qui n'empêcha point qu'au bout de quelque temps , c'est-à-dire de vingt à trente jours , les accès, qni jusqu'alors étaient rappelés toutes les fois que les malades éprouvaient quelques fortes impressions , ce qui arrivait très - souvent , vu l'extrême exaltation de leur appareil nerveux, ne furent plus aussi fréquens, et s'éloignèrent insensiblement. Cependant , quoique le résultat du traitement ait été ici plus marqué que chez les épileptiques , il n'a néanmoins point amené la guérison complète de ces deux malades , qui , de temps à autre , ont encore quelques récidives ; mais elles sont heureusement très-éloignées.

Si , comme l'on vient de voir, les hystéries épileptiformes ne sont que palliées par l'usage de l'acide hydro-cyanique , les hystéries simples , plus favorisées que ces premières , sont très-bien combattues par ce moyen. Trois demoiselles hystériques , âgées de vingt à vingt-cinq ans, ont simultanément été soumises à l'usage de l'acide hydro-cyanique ; toutes trois avaient des accès d'hystérie extrêmement fréquens , lesquels laissaient, surtout à deux d'entre elles , une très-haute susceptibilité nerveuse et une excitation extrême de la sensibilité. L'acide fut porté, chez ces deux malades , jusqu'à cinquante-cinq gouttes par jour, et chez la première , qui était moins affectée , seulement à quarante-

cinq gouttes, continuées pendant deux mois. Les pre-
-miers effets du remède furent d'éloigner les accès, qui
finirent par disparaître entièrement au bout de deux mois
à deux mois et demi du traitement. Deux de ces malades
sont radicalement guéries, et la troisième, quoique
n'offrant plus de symptômes hystériques, conserve
cependant encore une très-grande facilité à l'exaltation
de la sensibilité, et n'a point, sous ce rapport, tiré de
l'acide le même avantage que les deux autres malades,
dont la guérison date déjà de plus d'un an, et dont
l'une a eu depuis une scarlatine assez intense sans
éprouver le plus petit symptôme hystérique et même
aucun autre symptôme nerveux. L'autre s'est mariée,
a parcouru une grossesse et mis au monde un garçon
sans éprouver aucun symptôme de sa maladie anté-
rieure. L'honneur de la cure radicale de ces deux malades appartient donc entièrement à l'acide hydro-cyanique; car ici aussi les malades avaient subi des traitemens antérieurs sans succès, et l'acide hydro-cyanique n'a été appuyé d'aucune autre médication, à
moins de considérer comme telle des bains froids pris
à la Seine tous les trois à quatre jours.

Il résulte donc de ce qui précède que l'acide hydro-
cyanique a produit, dans l'hystérie, plus que dans toutes
les autres maladies desquelles j'ai parlé jusqu'à présent,
c'est-à-dire une guérison complète. Il est vrai que le
petit nombre d'hystériques soumis à ce traitement ne
permet pas encore de proclamer hautement et généralement ce fait; mais il servira du moins à fixer l'attention de ceux qui sont appelés à soigner un grand
nombre d'hystériques rassemblés et qui se trouvent

dans une position très-heureuse pour comparer les faits et varier les observations.

Dans les palpitations nerveuses du cœur, l'acide hydro-cyanique a réussi plusieurs fois à guérir radicalement la maladie ; je citerai, entre autres, le fait suivant. Une jeune dame, âgée de vingt ans et mariée depuis deux ans, était depuis six mois tourmentée de vifs chagrins, dont la source se trouvait dans un amour que le devoir lui imposait de vaincre. Elle avait depuis deux mois la respiration difficile, des tremblemens fréquens, une oppression continuelle, des soupirs douloureux et le pouls accéléré, symptômes auxquels elle ne fit pas grande attention, quand, peu après, le centre de la circulation devint lui-même le siége d'une affection qui consistait dans des battemens tumultueux qui s'offraient sous la forme de palpitations nerveuses. Ces palpitations reparaissaient plusieurs fois dans la journée, duraient peu et laissaient assez d'intervalle entre elles ; mais, à la moindre impression vive, elles revenaient avec beaucoup de force et étaient très-pénibles pour la malade. Elle prit, dans cet état, l'acide hydro-cyanique sans aucun autre traitement, et elle n'eut qu'à se louer de son emploi ; car elle n'était pas arrivée à prendre ce médicament à trente gouttes dans les vingt-quatre heures, que déjà les palpitations étaient beaucoup diminuées, la respiration plus facile et son bien-être très-marqué. Au bout de quelques jours, elle abandonna l'acide ; mais les palpitations reparurent, ce qui la força d'y revenir. Elle continua cette fois pendant cinq semaines l'usage du remède sans interruption : aussi fut-elle entièrement débarrassée de ses palpitations. J'ai vu la malade plusieurs fois depuis : elle conserve toujours une sensibilité extrême, mais les palpitations sont entièrement dissipées.

La grande sensibilité des enfans dépendant de la force de l'appareil nerveux chez eux les rend très-sujets aux convulsions produites communément à la suite de l'irradiation sur le système nerveux d'une affection, soit interne, soit externe. De tout temps on a cherché à modérer cette grande sensibilité chez eux, et j'ai dû de même penser à y arriver au moyen de l'acide hydro-cyanique. Il a donc été administré à plusieurs enfans atteints de convulsions qui paraissaient dépendre du travail de la denti-tion. Ces petits enfans, qui étaient âgés de deux à quatre ans, prirent d'abord l'acide avec beaucoup de circonspection, c'est-à-dire, deux gouttes dans trois onces de véhicule ; puis, en élevant la dose graduelle-ment goutte par goutte, elle fut portée sans inconvé-nient jusqu'à dix gouttes dans les vingt-quatre heures. Mais ici il fallut changer la formule de la potion ; car l'amertume de l'acide hydro-cyanique le rend plus difficile à prendre par les enfans : aussi la potion fut ainsi modifiée :

Acide hydro-cyanique au quart... 5 à 10 gouttes.
Sirop d'orgeat................. une once et demie.
Eau distillée.................. *idem.*
Mêlez selon l'art, à prendre de demi-heure en demi-heure dans une fiole bouchée à l'émeril.

Au bout de deux ou trois jours de l'emploi de cette

potion, les petits malades furent entièrement calmés, et les mouvemens convulsifs qui avaient été très-marqués avant ne reparurent plus. Je dois observer que ces enfans n'avaient offert aucun symptôme de pléthore sanguine, pléthore qu'il convient toujours de combattre par l'application des sangsues, quelle que soit la dose de l'acide administrée.

Il est une autre névrose de la locomotion dans laquelle il m'eût été bien agréable d'administrer l'acide hydro-cyanique : je veux parler du tétanos : il est probable que ce médicament doit être avantageux dans cette maladie. L'extrême sensibilité du système nerveux étant une des principales causes du tétanos, les affections vives de l'âme, les chagrins, la frayeur, qui exaltent beaucoup la sensibilité, étant des causes secondaires, il ne serait pas impossible que l'acide hydro-cyanique pût être utile dans cette affection, contre laquelle la médecine a peu de moyens. L'opium, qui paraît être le médicament duquel on a tiré le plus de succès dans ce cas, doit être donné à très-fortes doses pour qu'il produise quelques effets; et l'on sait qu'administré de cette manière il a de très-graves inconvéniens. D'un autre côté, si, comme cela peut arriver quelquefois, le tétanos tient à la présence des vers dans les intestins, quoique je sois loin d'admettre l'opinion du docteur Laurent, qui publia, en 1796, que le tétanos dépend, dans la plupart des cas, de cette cause, l'acide hydro-cyanique devient ici doublement indiqué, vu qu'il possède aussi quelques qualités vermifuges. Il n'y a d'ailleurs aucun inconvénient à essayer cet acide chez les tétaniques; il est même très-probable qu'on peut l'élever chez eux à des doses assez fortes, vu leur extrême exaltation nerveuse.

Considéré comme remède externe, l'acide hydro-cyanique n'est pas moins favorable dans certaines maladies que lorsqu'il est pris à l'intérieur; ici encore, c'est surtout dans les maladies où il faut diminuer la douleur que ce médicament est avantageux : c'est ainsi que ses bons résultats dans les névralgies, les douleurs rhumatismales et dans les dartres, ont été constatés d'une manière très-évidente.

Trois névralgiques, différens d'âges et de sexes, ont été soumis à l'usage de l'acide hydro-cyanique.

La première était une dame âgée de vingt-huit ans, d'une constitution faible et très-irritable : cette dame était affectée depuis plusieurs mois d'une névralgie sus-orbitaire du côté droit, affection qui la mettait dans un état continuel de tourmens et pour laquelle elle avait en vain imploré le secours de plusieurs praticiens distingués, qui lui donnèrent alternativement des remèdes anti-spasmodiques les plus puissans et des dérivatifs les plus énergiques sans obtenir d'amendement à son état. Ayant été appelé auprès d'elle et ayant remarqué que l'application de la glace sur le front produisait un soulagement momentané à sa douleur, je résolus de faire appliquer sur la même région de l'acide hydro-cyanique, qui fut pour cet objet préparé de la manière suivante :

℞ Acide hydro-cyanique au quart... un gros.
Alcool à 36 degrés............. quatre onces.
Mêlez, pour appliquer sur le lieu douloureux, au moyen de compresses trempées dans le mélange.

Une heure après l'application de ce mélange la douleur diminua beaucoup ; ce qui fit que la malade continua son usage pendant plusieurs jours avec un très-
grand succès. Elle eut cependant quelques récidives ;
mais elles étaient très-éloignées , et la douleur était
supportée bien moins péniblement qu'avant l'emploi
du médicament. Ces récidives firent que cette dame prit
l'acide hydro-cyanique à l'intérieur , à la dose de dix à
trente gouttes ; au bout de quarante-cinq jours de traitement ainsi combiné , la névralgie ne reparut plus ; et
depuis cinq mois que la malade est entièrement débarrassée de son affection, elle n'a éprouvé aucune douleur.

La seconde observation a pour sujet un des malades
de M. le docteur Maingault, membre - adjoint de
l'Académie royale de médecine. Ce malade a fait usage
de l'acide hydro-cyanique sous les yeux de cet estimable
confrère , ainsi que tous ceux de M. le docteur Kérau-
dren, inspecteur-général du service de santé de la marine.
C'était un homme de cabinet , âgé de trente-huit à quarante ans , retenu depuis quelque temps dans son lit par
une affection de la poitrine , quand tout-à-coup cette
maladie se compliqua d'une névralgie faciale contre
laquelle M. Maingault employait les moyens tentés
ordinairement en pareil cas. Pendant une nuit les douleurs s'exaspérèrent tellement qu'on vint me prier ,
comme voisin, de me rendre auprès du malade en
attendant l'arrivée de mon confrère. Je m'y rendis
aussitôt , et prescrivis de suite une potion composée
avec l'acide hydro-cyanique , qui me paraissait d'autant
plus indiquée ici que le malade expectorait du sang ;
je fis en outre appliquer sur la joue une compresse

épaisse trempée dans le mélange d'acide hydro-cyanique et d'alcool indiquée ci-dessus; je restai plus de
deux heures auprès du malade en attendant M. Maingault, qui ne put cependant se rendre cette fois auprès
de lui. Mais si je fus privé du plaisir de voir mon
confrère, je fus dédommagé par celui que j'éprouvai
en quittant son malade entièrement calmé; il passa
même le reste de la nuit dans une tranquillité parfaite,
ce qui n'empêcha pas la douleur faciale de reparaître
le lendemain; mais on eut de nouveau recours aux
applications de l'acide hydro-cyanique, et il fut de nouveau calmé. Quant à l'acide hydro-cyanique pris à
l'intérieur, on ne put parvenir à vaincre la répugnance du malade pour l'usage de ce médicament; ce
qui n'empêcha pas la névralgie de disparaître entièrement au bout de quelque temps.

Le troisième malade, chez lequel l'acide hydro-cyanique appliqué à l'extérieur contre la névralgie fut suivi
de très-heureux effets, est un musicien âgé de cinquante-
cinq ans et affecté d'une sciatique qui céda à la suite du
contact de l'acide sur la peau pendant quinze jours consécutifs au moyen de compresses trempées dans ce médicament, mêlé avec de l'alcool; ici l'acide a été élevé
à la dose de deux gros et demi dans quatre onces d'alcool sans qu'il se soit déclaré le plus petit symptôme
fâcheux.

Ces avantages suffisent, je pense, pour conseiller
sans crainte l'emploi de l'acide hydro-cyanique à
l'extérieur dans les névralgies, et engagent même à
faire usage de ce moyen, quelque soit le genre de
douleur dont les parties sont affectées.

C'est aussi dans cette vue que j'emploie fréquemment l'acide hydro-cyanique contre les douleurs rhumatis- males ; et quoique les avantages qu'on tire de ce médi- cament ne soient pas aussi marqués ici que dans les cas précédens, il n'est pas moins constant que l'on a sou- vent lieu de louer son emploi, en ce qu'il parvient presque toujours à diminuer les douleurs, sans que pour cela il guérisse les malades. Ici, comme l'on voit, ce n'est que pour combattre un symptôme de maladie qu'on est porté à employer ce médicament ; mais ce symptôme, c'est-à-dire la douleur, est préci- sément celui qui est le plus important à anéantir.

Trois individus atteints de rhumatisme articulaire ont employé des embrocations faites avec l'acide hydro-cyanique avec beaucoup de succès, et ont vu leurs douleurs cesser bientôt après son contact avec la peau.

Le plus fâcheux symptôme de presque toutes les ma- ladies cutanées est, sans contredit, la douleur que cause un prurit insupportable, lequel met le malade dans la nécessité de se gratter et d'augmenter ainsi l'éruption en appelant par le frottement une plus grande quantité de sang vers la peau, et par suite une plus forte inflam- mation.

Dans les dartres surtout, cette douleur est des plus défavorables, en ce qu'elle est souvent la cause de l'étendue que prend la maladie à la suite de la déman- geaison qu'elle produit. Il était donc naturel de penser qu'en cherchant à calmer les douleurs au moyen de l'acide hydro-cyanique on parviendrait à diminuer la maladie en éloignant l'irritation et par suite le prurit. A cet effet, seize personnes affectées de différentes espè-

ces de dartres ont été soumises à l'usage de l'acide hydro-cyanique, et toujours avec un succès assez marqué.

Parmi ces malades, ceux dont la peau était fine et
blanche obtenaient un résultat bien plus prompt que
les autres. Je ne rapporterai, des observations que j'ai
recueillies à ce sujet, que les trois plus curieuses par
leur résultat. Une jeune dame de 21 ans, ayant une
très-belle peau, vit tout-à-coup, sans cause connue,
une dartre furfuracée se développer à sa cuisse gau-
che. Cette dartre affectait une forme circulaire et obli-
geait la malade à se gratter sans cesse, même devant
les étrangers. Sachant que la méthode ordinaire du traitement des dartres était sulfureuse, et craignant de re-
veler par là son état, elle n'eut recours à aucun médi-
-cament, se bornait à prendre des bains chauds et à se
laver le corps avec de la pâte d'amande, ce qui n'empêcha pas la dartre de gagner toute la cuisse et même
de se propager à la cuisse droite. Alarmée des progrès
de sa maladie, elle réclama mes conseils, m'avertissant
néanmoins qu'il fallait la traiter par tout autre moyen
que par le soufre, qu'elle ne consentait point à employer. Elle fit, en conséquence, des lotions et des em
brocations avec l'acide hydro-cyanique et l'alcool : le
médicament resta sur la cuisse pendant toute la nuit,
qui fut déjà moins orageuse que les précédentes ; car
la malade put dormir et résister au besoin de se gratter.
Le lendemain et le surlendemain le prurit diminua de
plus en plus, et dès ce moment la rougeur se dissipa
peu à peu. La maladie paraissant à-peu-près dissipée,
cette dame suspendit les applications du remède ; mais,
huit jours après, les démangeaisons reparurent ; le

même moyen fut aussitôt de nouveau employé, et de nouveau il fit cesser les demangeaisons ; enfin, au bout de quelques semaines, cette dame se livra aux plaisirs et rentra dans la société entièrement débarrassée de son affection herpétique, quoique n'ayant fait usage d'aucun autre remède. J'ai eu la satisfaction de la voir plusieurs fois depuis un an qu'elle est guérie sans remarquer en elle la moindre indisposition.

En décembre 1822, il se présenta à la consultation gratuite du Cercle médical de l'Hôtel-de-Ville (1) un jeune homme de quatorze ans, portant une dartre pustuleuse à la joue; cette dartre, très-rouge et très-emflammée, avait été traitée sans succès au moyen de plusieurs méthodes curatives usitées en pareil cas. Il fut même fatigué et martyrisé inutilement par d'ignorans et avides charlatans dont on tolère trop l'infâme trafic dans la capitale.

La douleur était le seul symptôme fâcheux contre lequel ce malade demandât du secours ; sa guérison, si long-temps attendue inutilement, lui paraissait désormais impossible, et il n'implorait de remède que pour la démangeaison continuelle dont il était importuné. Je lui conseillai les lotions avec l'acide hydrocyanique, plutôt dans le désir de tempérer sa douleur que dans l'espoir de guérir sa dartre; mais je fus très-agréablement surpris en voyant, vingt-huit jours après, ce malade se présenter de nouveau à la consultation du

______

(1) La plupart des malades cités dans ce travail sont venus réclamer des secours à la consultation gratuite du Cercle médical.

Cercle médical avec la figure presque entièrement débarrassée de sa dartre. Il continua encore pendant
un mois l'usage de l'acide hydro-cyanique. Il a maintenant la face entièrement nettoyée, et il ne lui reste
plus qu'une légère rougeur, seule trace de son an-
cienne maladie. Aucun autre médicament ne fut adjoint
à l'acide hydro-cyanique, si ce n'est l'eau sulfureuse
d'Enghien prise en boisson.

Une femme, âgée de trente-quatre ans, et affectée
depuis plusieurs mois d'une dartre qui circonscrivait
le pourtour des parties génitales et qui faisait beaucoup
souffrir la malade, se présenta à la même consultation
gratuite ; elle avait en vain employé les pommades
et les bains sulfureux sans aucun succès. Comme les
deux malades ci-dessus indiqués, elle fit usage de
l'acide hydro-cyanique en lotion pendant le jour et en
embrocation pendant la nuit. Ici le résultat, quoiqu'a-
vantageux, ne fut point aussi prompt que dans les deux
cas précédens, et on peut facilement expliquer ce retard
par le lieu d'élection de la maladie ; mais malgré trois
mois consécutifs de traitement qu'il a fallu employer
pour arriver à guérir cette femme, l'acide hydro-cyanique n'est pas moins parvenu à dissiper l'affection
herpétique qu'on n'avait pu guérir au moyen des autres
traitemens. Enfin, plusieurs autres dartres tant guéries
que palliées avec ce moyen, m'autorisent, je crois,
à avancer que l'acide hydro-cyanique appliqué à l'extérieur parvient à dissiper cette maladie lorsqu'on l'emploie avec constance, et surtout à des doses assez énergiques ; ce qui ici n'a aucun inconvénient ; car, de tous
les malades sur la peau desquels l'acide hydro-cyanique

au quart a été appliqué mêlé avec de l'alcool dans la proportion d'un à trois gros d'acide sur quatre onces d'alcool rectifié, aucun n'a eu à se plaindre de son action, et pas un n'a éprouvé le plus léger accident. L'alcool a cependant la vertu d'augmenter l'action de l'acide hydro-cyanique plutôt que de l'affaiblir : c'est ainsi qu'une quantité donnée d'acide hydro-cyanique mêlée avec de l'alcool est bien plus énergique que la même quantité mêlée avec de l'eau.

Telles sont les observations que m'ont suscitées deux années de l'emploi de l'acide hydro-cyanique dans les différentes maladies desquelles j'ai parlé dans le cours de ce Mémoire. Je dois, avant de terminer, noter ici quelques considérations sur les soins à prendre pour administrer ce remède. Il paraît certain que l'acide hydro-cyanique au quart est bien moins susceptible de se décomposer que l'acide hydro-cyanique pur, et je crois que l'on peut avec sécurité et avantage employer le premier, même un mois après sa préparation, tandis qu'il n'en est point de même pour l'acide hydro-cyanique pur. Des expériences comparatives et nombreuses faites avec les deux acides récens et conservés depuis un et deux mois m'ont toujours donné des résultats favorables à l'acide hydro-cyanique au quart et défavorables à l'acide hydro-cyanique pur de M. Gay-Lussac.

La méthode accoutumée des pharmaciens pour doser les médicamens par goutte paraît être très-défectueuse pour mesurer l'acide hydro-cyanique, qui exige la plus grande régularité et la plus scrupuleuse attention sous ce rapport; car quelques gouttes de plus ou de moins dans une potion peuvent devenir de la plus grande importance, vu l'énergie du médicament. Les gouttes en elles-mêmes sont d'ailleurs d'autant plus grosses que la fiole qui contient le liquide a plus de dimensions et que le liquide lui-même y est contenu en plus grande quantité : ces raisons font désirer, pour doser l'acide hydro-cyanique, l'usage de la pipette en verre, universellement employée en Italie. Ces pipettes ont le précieux avantage de laisser échapper d'une manière extrêmement régulière et uniforme les gouttes du liquide qu'elles contiennent : on peut facilement se les procurer à un prix très-modique.

Il est aussi très-important de faire contenir les potions et les lotions avec l'acide hydro-cyanique dans des fioles bien bouchées à l'émeril : ces fioles, quoique plus chères que les fioles dites à goulot renversé, n'augmentent point la dépense du malade ; car les pharmaciens les reprennent à-peu-près au prix de vente. Peut-être aussi serait-il convenable de prescrire des demi-potions avec l'acide hydro-cyanique, comme l'on prescrit des demi-loochs ; de cette manière on est plus assuré de l'identité du médicament.

Il convient aussi de laisser le mélange dans lequel il entre de l'acide hydro-cyanique à l'ombre, dans l'eau et dans un lieu frais, et de ne donner pour la première fois au malade qu'une demi-cuillerée du remède. Enfin, il faut avoir le plus grand soin de recommander aux malades et aux assistans de bien agiter la fiole avant de prendre du mélange qu'elle contient. Le sirop d'orgeat, que j'emploie dans les potions, a un très-grand avantage sous ce rapport en ce qu'il se précipite facilement et qu'il force le malade d'agiter la fiole. On pourrait aussi donner aux fioles qui contiennent l'acide hydro-cyanique un aspect noir en les faisant préparer pour cet usage , à cette fin qu'un simple coup-d'œil suffît pour avertir le médecin , le malade et les assistans qu'elles contiennent de l'acide hydro-cyanique. Avec ces simples précautions l'administration de l'acide hydro-cyanique peut devenir aussi facile et aussi familière que celle de tous les autres médicamens.

F I N.

De l'Imp. de FEUGUERAY, rue du Cloître S.-Benoît, n° 4.

LIVRES NOUVEAUX

RECHERCHES SUR LA ROUTE QUE PRENNENT DIVERSES SUBSTANCES POUR PASSER DE L'ESTOMAC ET DU CANAL INTESTINAL DANS LE SANG, sur les Fonctions de la rate et sur les Voies cachées de l'urine, par *Tiedmann* et *Gmelin* ; traduites de l'allemand par le docteur *Heller*. Paris, 1822, in-8°. Prix, 2 fr. 50 c.

ALMANACH MÉDICAL POUR 1824, indiquant les Noms, Demeures et Heures de consultation des Médecins et Chirurgiens de Paris, ainsi que les Noms et Demeures des Pharmaciens, la Composition de la Faculté de Médecine de Paris, avec les Jours et Heures des cours qu'on y peut suivre, le Personnel des Médecins, Chirurgiens et Pharmaciens des hôpitaux, avec les heures des visites, et beaucoup d'autres renseignemens très-étendus et exacts sur tout ce qui est relatif à l'art de guérir. Un vol. in-12. Prix, 3 fr. 50 c.

BÉCLARD. Anatomie générale, ou Description de tous les genres d'organes qui composent le corps humain. Un vol. in-8°. Prix, 9 fr.

9 782019 270407